浪花朵朵

# 鲸鱼的世界

[加] 达西·多贝尔 著 [英] 贝姬·索恩斯 绘 袁枫 译

成都时代出版社
CHENGDU TIMES PRESS

# 须鲸

灰鲸
50—51

小须鲸 54—55

蓝鲸 32—34

大翅鲸 20—21

长须鲸 18—19
露脊鲸 56—57
弓头鲸 30—31

# 齿鲸

一角鲸 60—61

虎鲸 16—17

鼠海豚 48—49

多尔鼠海豚

加湾鼠海豚

港湾鼠海豚

鹅喙鲸 44—45
白鲸 24—25
海豚 28—29
抹香鲸 40—41

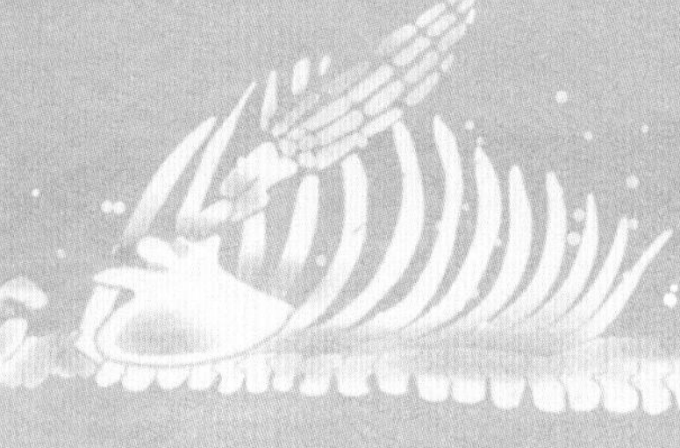



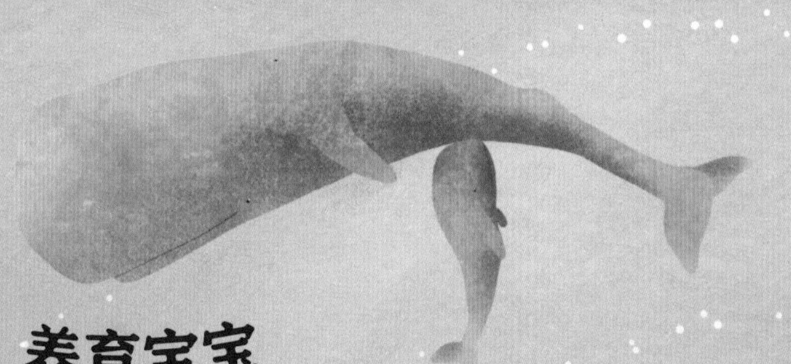

一声短促的

# 噗——呜噗！

这是鲸鱼呼吸时喷出的气柱冲破波浪发出的声音。不管什么时候听到这种声音，人们总会忍不住去看。数千年前，人类就对鲸鱼产生了浓厚的兴趣。它们身躯庞大、力量惊人，却又性格温顺、喜欢交流。从某些方面来讲，它们和人类非常相像，但它们对我们来说仍然充满了神秘感。

鲸鱼、海豚以及鼠海豚都属于鲸类大家族。在这个家族中，有些成员擅长杂技，有些成员喜欢唱歌，有些热爱长途旅行，有些则不愿离家太远。所有鲸类都很聪明，其中有许多好奇心重，又喜欢嬉戏。

在这本书中，你将见到鲸类家族的许多成员，并对它们在水中的生活方式有所了解。你会发现鲸类在人类历史上一直扮演着重要的角色，同时明白我们还需要做些什么，以确保它们将来依然能够陪伴我们。

# 起源

鲸长得有点像鱼，但它们其实是哺乳动物。它们呼吸空气，鲸宝宝喝妈妈的乳汁。其他的哺乳动物都生活在陆地上，那么，鲸为什么会移居到海里呢？

故事要从5000万年前讲起，那时候有一种个头不大腿却很长的哺乳动物生活在森林里。这种和猫差不多大的食植动物

## 印原猪

印原猪生活在临近溪水或者河流的陆地上。它们的骨密度很高，因而在躲避猎食者时能够沉入河底，并在河底行动自如。

体长可达约0.6米
前后腿修长
有类似猪或者鹿的蹄子
尾巴长

约5000万年前

与今天体形庞大的食肉巨兽相比，实在有着很大的差别，但两者却息息相关。这刚好解释了什么是演化，即生物为了更好地适应新环境，随着时间的推移发生缓慢的变化。让我们跟随这种动物的演化之旅，从陆地深入海洋，看看如今的鲸是怎么演化而来的。

## 陆行鲸

陆行鲸的行动方式很可能与鳄鱼类似，它们会埋伏在浅水区，然后突然冲出来捕捉陆生动物。

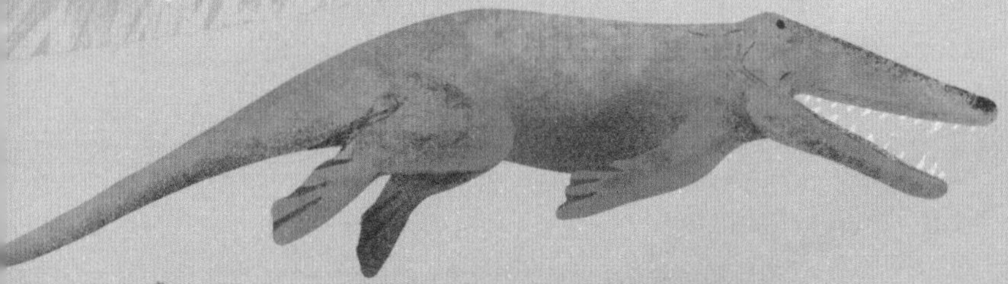

体长可达约3米
腿短
脚爪呈桨状，有蹼
尾巴厚实有力

## 矛齿鲸

矛齿鲸的游动方式很可能类似海豚，它们以鱼类、乌贼为主食，已经完全不能在陆地上行动。

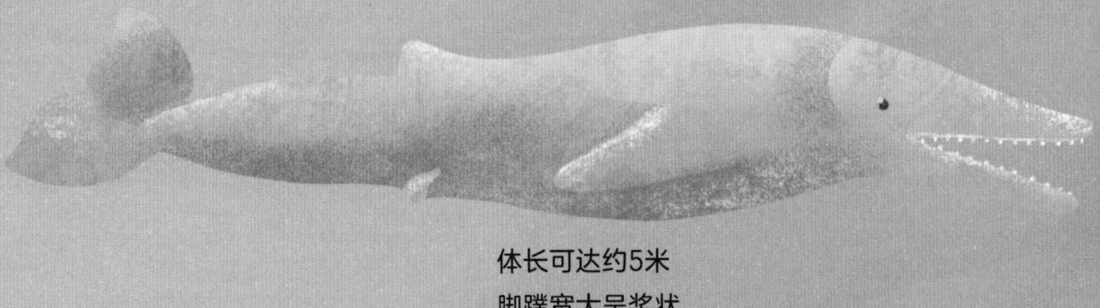

体长可达约5米
脚蹼宽大呈桨状
后腿短小
尾巴强壮，带小型尾鳍

约4900万年前

约4000万年前

大约在3500万年前，鲸类的祖先是一种长着牙齿的生物，有两个呼吸孔和宽宽的尾巴。之后，鲸类家族分化成了我们今天所熟知的两大类。

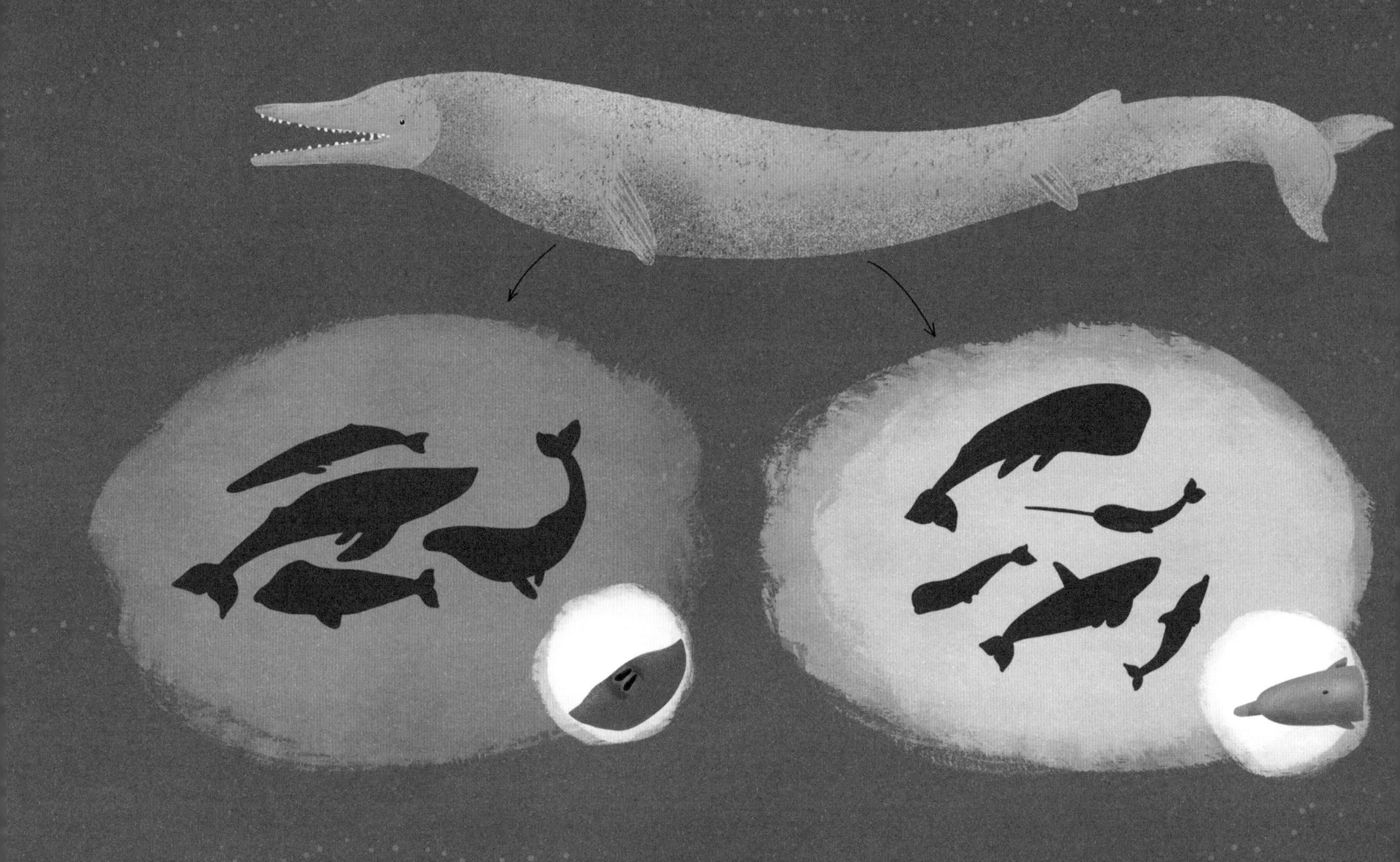

## 须鲸

须鲸亚目的拉丁学名是Mysticeti，意思是“长触须的鲸”。它们没有牙齿，取而代之的是柔韧的短毛，名为“鲸须板”。鲸须板就像一张网，可以用来捕食。须鲸捕食时，会将一大口海水吞进嘴里，滤食海水里成群的小鱼及磷虾。须鲸是体形最大的鲸，它们与其祖先一样，有两个呼吸孔。

## 齿鲸

齿鲸亚目的拉丁学名是Odontoceti，意思是“长牙齿的鲸”。它们只有一个呼吸孔，另一个呼吸孔则演化成了气囊，起到发送和接收声音从而感知水下物体的作用——有点像呼喊然后倾听回声。这种方法叫作“回声定位”，凭借这种方法，鲸不仅不会迷路，还能够在昏暗的海水中猎捕到鱼类、乌贼和章鱼。

在今天的海洋中，从温暖的热带到寒冷的两极，从浅海到深海，都能够找到鲸鱼、海豚以及鼠海豚的身影。它们甚至生活在某些湖泊和河流之中。从外表来看，它们与自己身材矮小的有蹄祖先一点儿也不像，但通过观察它们的骨骼，不难发现鲸类演化的线索。

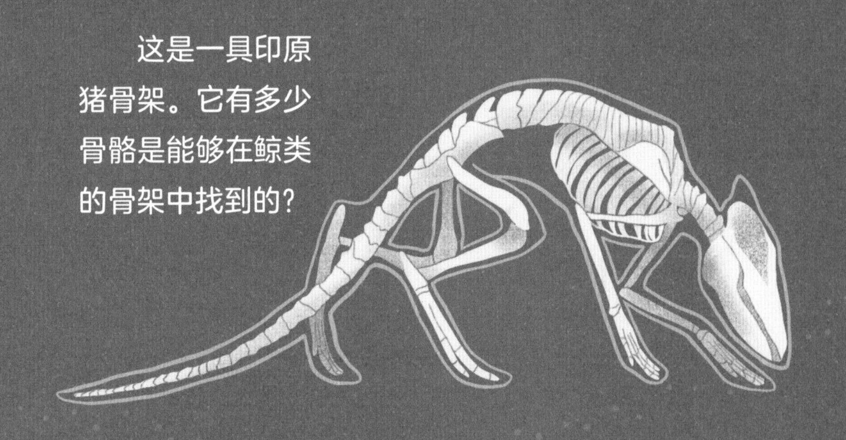

这是一具印原猪骨架。它有多少骨骼是能够在鲸类的骨架中找到的？

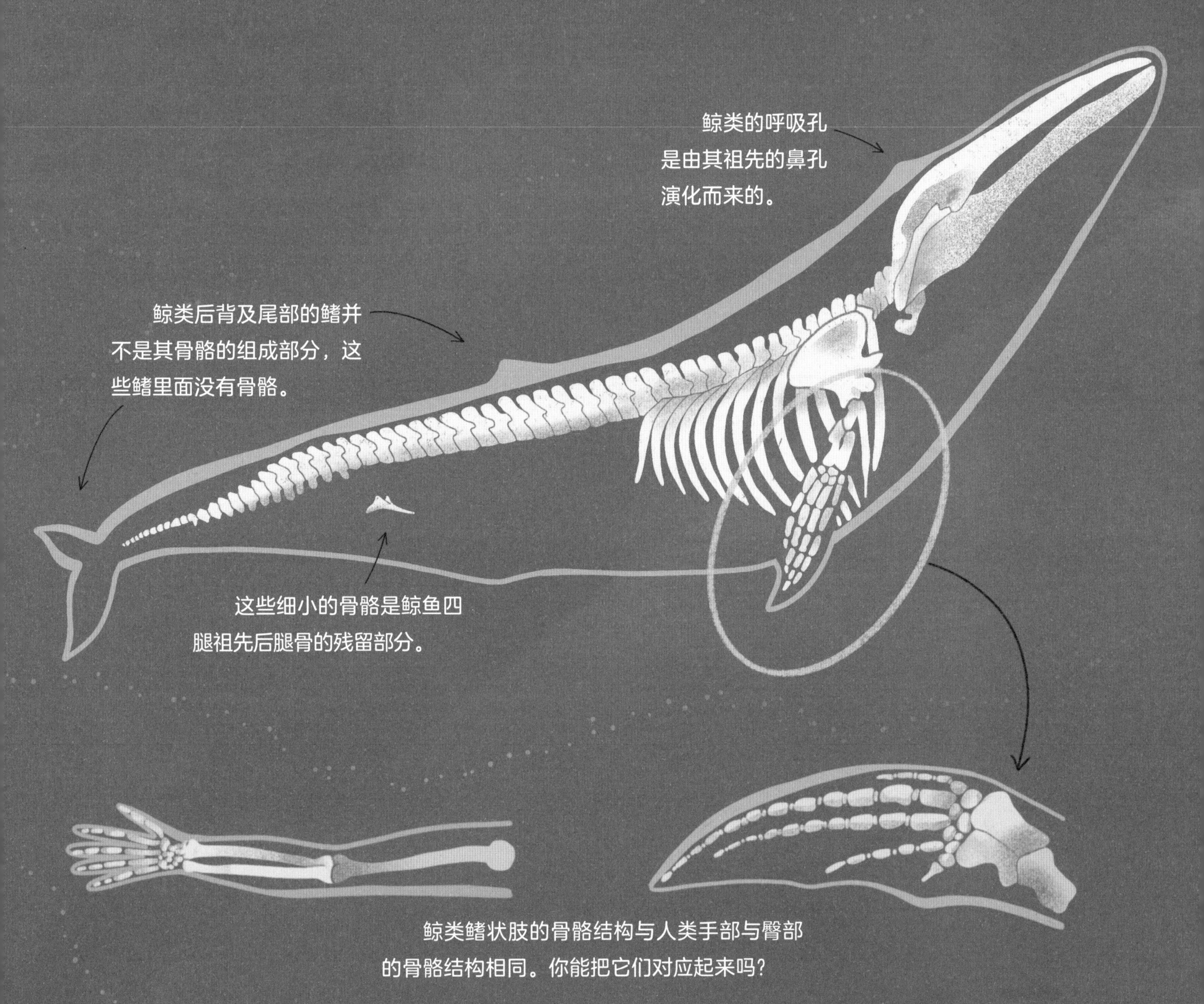

鲸类的呼吸孔是由其祖先的鼻孔演化而来的。

鲸类后背及尾部的鳍并不是其骨骼的组成部分，这些鳍里面没有骨骼。

这些细小的骨骼是鲸鱼四腿祖先后腿骨的残留部分。

鲸类鳍状肢的骨骼结构与人类手部与臂部的骨骼结构相同。你能把它们对应起来吗？

# 水下生活

鲸类的形态和大小各不相同，有线条流畅的海豚，也有体形庞大的鱼类吞噬者鲸鱼。虽然它们彼此之间千差万别，但所有鲸类都很适合在水里度过一生。

## 呼吸

与我们不同，鲸类不能用鼻子或嘴巴呼吸，它们要用头顶上的呼吸孔呼吸。它们每次呼吸都必须浮出水面，并喷出一大团水蒸气，这一过程被称作“喷气”。然后，它们会深吸一口气，让新鲜的空气充满肺部，接着便潜回水里。

## 潜水

鲸鱼可是潜水冠军。有些鲸鱼能够潜到约3000米深的海底，两次换气之间能够在水底停留超过一小时。鲸鱼的身体结构非常适合在深水中生活：它们的肋骨柔韧性很强，不会因深水的压力折断，而是会弯起来。鲸脂能够为它们在冰冷的水底保暖，而血液则将剩余的富含能量的氧气输送给肌肉，这样一来，它们便能够在屏住呼吸的同时，仍然行动自如。

## 听觉

由于鲸类一生绝大多数的时间都在幽暗的深海中度过，听觉对它们来说非常重要。它们利用声音捕食猎物、探寻道路、躲避危险、彼此交流。如果你在浴缸里把头没入水下（注意安全！），会感觉声音变得很奇怪，甚至觉得声音低得听不清楚。但鲸类却能够在水底听得很清楚，因为它们耳朵的结构与我们的不同。它们并不是通过耳孔获取声音，而是利用下颌富含脂肪的部分收集声音，再通过头部将其送进内耳。

## 睡觉

鲸鱼必须一直保持清醒，以确保需要呼吸时能够及时浮上水面。但与我们一样，它们也需要睡觉。它们解决这个问题的方法是，每次让一半大脑入睡。有些鲸鱼能够浮在水面上打盹，有些则会竖直悬浮在水里，还有些鲸鱼甚至在睡觉时还能缓慢地游动。

## 视觉

如果潜入波涛之下，你就会发现，海洋是被阳光照亮的。无论是在水面上，还是在水底，鲸鱼的视力范围都不算广。它们向下潜得越深，光线就越暗，同时其黑色瞳孔会变得更大，以使尽可能多的光线进入眼睛。等沉到约200米深的水底时，因为太暗，鲸鱼就什么都看不到了。幸运的是，它们能够通过其他方法探索海底世界。

# 虎鲸

鲸鱼中的杀手

一群虎鲸正在潜行觅食，它们悄无声息地在水中穿行，寻觅肉食大餐。这种海洋哺乳动物线条流畅、肌肉结实、动作敏捷、速度极快，而且相当聪明。

## 家庭生活

虎鲸或许是令人生畏的猎手，但它们也是社会性很强的动物，与家族成员关系密切。它们过着群居生活，族群的领袖是虎鲸妈妈。她的儿子会终生和她生活在一起，女儿或许会在长大后离去，创建自己的族群。家族成员通常会组成鲸群，一起旅行，一起捕猎。

你知道吗？
虽然名字里有个“鲸”，但虎鲸其实是海豚家族最大的成员。

成年雄性虎鲸的背鳍能够长到约1.8米，比有些成年人还高。

每头虎鲸身上的白色马鞍状斑纹都是不同的，就像我们人类的指纹一样。科学家能够通过这些斑纹，以及背鳍上的疤痕，分辨不同的虎鲸。

虎鲸身体的主色为黑色，其间分布有白色斑纹。这种颜色搭配能够帮助它们偷偷地接近猎物。

宽阔、浑圆的鳍状肢让虎鲸能够在水中旋转、翻滚以及快速转身。

# 无畏的猎手

虎鲸是非常强悍的猎食者，它们会通过团队合作，追捕其他海洋哺乳动物，比如海狮、海豚、海豹，甚至是体形比它们更大的鲸鱼。它们也会耍些狡猾的小诡计，比如掀起波浪，把毫无防备的海豹从浮冰上冲下去。因此，虎鲸被称作“鲸鱼中的杀手”一点儿也不令人意外，但它们对人类来说并不危险。

在几乎所有海洋区域都能发现虎鲸的身影。在某些地方，虎鲸种群发展出了不同的饮食类型，比如下面这两种：

居留型虎鲸生活在北美洲太平洋沿岸，只吃小型鱼类。

远洋型虎鲸生活在太平洋远离海岸的区域，捕食鲨鱼。由于常年撕咬坚韧的鲨鱼皮，年纪较大的远洋型虎鲸牙齿通常磨损严重。

体长：可达约9米

体重：可达约5吨

# 长须鲸

海中灰狗

这种须鲸身形极长，线条流畅，外号“海中灰狗”。就像身材修长、速度极快的猎狗一样，钢灰色的长须鲸能够以极快的速度游动。它们每天能够游上百千米，每小时能够游约37千米——大概比游泳速度最快的奥运选手快5倍。长须鲸短距离冲刺的速度能够达到约40千米/时。

## 漫游世界

虽然长须鲸极少出现在热带海域或者冰冷的极地海洋中，但除此之外，在世界众多海域都能发现它们的身影。它们是唯一出现在地中海的须鲸。它们通常2—6头结伴旅行，但在食物丰富的海域，则会结成更大的鲸群，一同捕食。

长须鲸又叫“剃刀鲸”，这是因为它们的背部长有明显的脊，分布在从背鳍到尾部的位置。

你知道吗？
长须鲸是世界上
体形第二大的动物。

## 深沉的低鸣

这种鲸鱼发出的声音是所有动物中最低的之一。它们的叫声有时候太过低沉，人类的耳朵根本听不到，但却能够在水底传播很长的距离。这意味着长须鲸即便相距数百千米，也仍然能够彼此交流。

它们的头部又长又尖，长度差不多是整个身体的四分之一。

与蓝鲸、大翅鲸以及小须鲸一样，长须鲸从喉部至腹部有许多腹褶，这些腹褶很长，而且可以折叠。当它们吞进一大口海水和食物的时候，这些腹褶便会伸展开来。

长须鲸的下颌底部右侧是亮乳白色，左侧则是暗灰色。它们可能会突然向鱼群亮出白色的那一侧，迫使受到惊吓的小鱼聚在一起。

体重：可达约110吨

# 大翅鲸

大块头演员

嗖！一头大翅鲸腾身而起，庞大的身躯跃出水面，落下时浪花四溅，发出砰的一声巨响，周围几千米范围内的鲸鱼都能听到。这种海中巨兽堪比杂技演员，能够表演翻转、倒立、尾鳍拍击以及空中旋转。

## 歌坛巨星

大翅鲸还拥有非凡的音乐天赋。每年，各个繁殖区的鲸鱼都会聚在一起，合唱一首无与伦比的歌。秋冬时节，雄性大翅鲸唱的歌悠长又复杂，而且分成多个段落。

20世纪50年代，来自美国的海军工程师们建立了水下传声器网络，目的是监听潜艇的声音。然而，一位工程师听到的却并不是引擎的轰鸣声，而是令人难忘的悠长旋律。后来经过研究人员确认，这是大翅鲸的歌声。

大翅鲸尾鳍的背面呈现黑白两色。每头大翅鲸尾鳍背面的图案都是独一无二的，就像人类的指纹一样。

你知道吗？
20世纪70年代，灌录大翅鲸歌曲的唱片成为最畅销的自然声音记录。

大翅鲸头部有许多突起，每个突起上都长着一根短毛。与猫咪的胡须一样，这些短毛可以帮助大翅鲸感知周围的事物。

大翅鲸又被称作“驼背鲸”，但它们其实并不驼背，之所以有这样的称号，是因为它们在准备潜入深水时会弓起背部。

大翅鲸的鳍状肢是所有鲸类中最长的，可达约6米。

体长：可达约18米　体重：可达约36吨

# 用鲸须过滤食物

想象一下，你要吃的晚餐全都漂浮在一杯水里，为了吃到它，你必须把整杯水都喝光，然后再把水吐出来，只留下食物。再想象一下，这个水杯和你整个身体差不多大，你就能明白大翅鲸进食时是什么样子了。

## 巨大的嘴巴

须鲸，如大翅鲸和弓头鲸，都是强悍有力的滤食性动物。它们的口腔内长有特别的流苏状毛刺，即鲸须，从巨大的上颌垂下来。须鲸全速冲刺去吞食鱼类时，会将它们那巨大的嘴巴张得很大。

当须鲸闭上嘴巴时，水便通过鲸须排出，小鱼或者磷虾则留在了鲸鱼嘴里。这就是所谓的滤食，过程并不容易。但大翅鲸掌握着某些诀窍，能确保吞进的每一口海水中都包含充足的食物。

你知道吗？
与人类的毛发和指甲一样，鲸须也由一种名为角蛋白的物质构成，这种物质非常柔韧。

# 气泡捕鱼法

大翅鲸会利用气泡来捕鱼。它们或单独捕食，或与其他鲸鱼合作捕食。

捕鱼过程是这样的：鲸鱼们把鱼群围住，一头鲸鱼先下潜，然后再往上游，绕着鱼群做螺旋状运动，同时源源不断地吹出气泡。

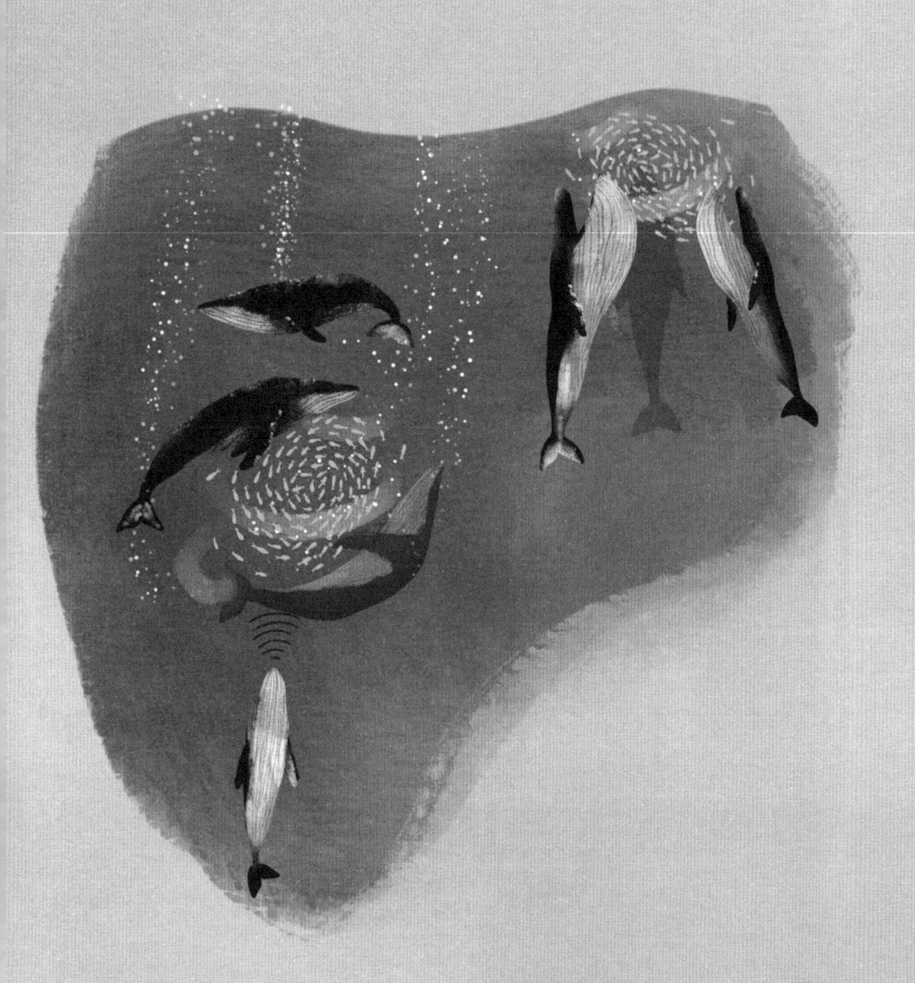

另一头鲸鱼则在下面等待，并发出一声尖叫。尖叫声会驱赶鱼儿们向上游，从而进入气泡网里。

与此同时，其他鲸鱼会将鱼群团团包围，迫使它们全部进入气泡网。不断上升的气泡围绕着鱼儿，将它们推压在一起。

当气泡网接近海面时，鲸鱼们就会向上冲去，直奔团状的鱼群，在吞食鱼儿的同时，它们张开的大嘴破水而出。

# 拍击捕鱼法

有时候，大翅鲸也会用自己巨大的尾鳍拍击鱼群上方的水面，然后立即掉头冲向猎物。这样的拍击会让鱼儿们惊慌失措，致使它们越来越密地聚集在一起。

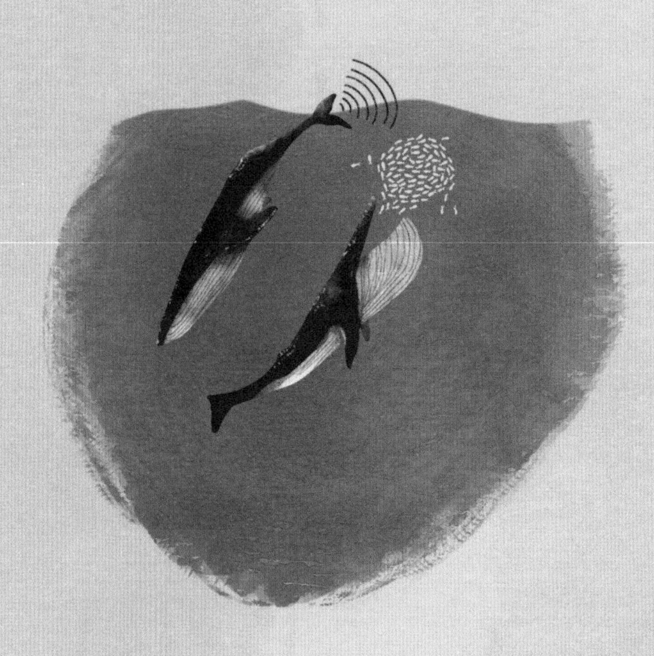

# 海底剐擦事故

有的鱼类生存在接近海床的地方，鱼群结构相对分散，又薄又宽，像块垫子。灰鲸或大翅鲸等鲸类如果想捕食这些鱼，就必须下潜到海底，侧转身体，然后张开嘴巴。这些鲸鱼经常因为与坚硬的海床发生剐擦，而弄伤头部或者嘴巴。

# 白鲸

## 海中金丝雀

春日降临北极，海面的冰层开始融化、碎裂。眺望远处的大海，你会看到大块的浮冰漂过海湾。但定睛再看时，你或许会发现，有些白色“冰块”是活的！这些冰块其实是白鲸，它们回到北极，在这里度过夏季，结伴觅食并喂养幼鲸。

白鲸没有背鳍，这意味着它们能够游到距离冰层底部很近的位置，从而找到缝隙完成呼吸。

## 白雪公主

白鲸雪白的肤色使它们能够借助冰层藏身，那些饥肠辘辘的北极熊和虎鲸很难发现它们。白鲸每年都会蜕皮，以保持身体的洁净。蜕皮时的白鲸会聚在临近河口的“鲸鱼水疗区”，那里的水温度稍高，能够帮助白鲸蜕掉老皮。它们会磨蹭、翻滚，甚至在满是碎石的海底剐擦，从而将死皮以及身上的那些微小生物（比如藤壶和寄生虫）蹭掉。

它们浑圆、鼓胀的前额并不是骨骼结构，而是一种柔软的囊状物，叫作“额隆”。

和大多数鲸鱼不同，白鲸能够左右转头。

## 莺声燕语

这种身形娇小的白色鲸鱼有个绰号，叫作“海中金丝雀”，原因是它们能够发出类似鸟鸣的声音。它们会发出唧唧、啾啾、咔嗒以及喳喳的叫声。白鲸妈妈和幼鲸交流时，则会发出轻柔的嗡嗡声或者咕噜声。

体重：可达约1.9吨

你知道吗？
白鲸宝宝出生时是暗灰色的，随着年龄的增长，它们会逐渐变白。

# 海洋的声音

在海面上，我们能够听到海浪的拍击声和海鸟的鸣叫声，但其实海面下也是个吵吵嚷嚷的地方。世界各地的鲸鱼能发出各种各样的声音，并不仅仅是叫声和歌声。它们发出每种声音都有其原因。

## 用声音定位物体

在深海里，或者当北极漫长的极夜降临，白鲸常常要在完全漆黑的情况下追踪猎物。这些技巧纯熟的猎手需要下潜约800米的距离，以找到鱼类和贝类的踪迹，或者吞食海床上的海生蠕虫。与其他齿鲸一样，白鲸也能够利用回声定位，在黑暗中定位物体。

为了实现回声定位，白鲸会发出咔嗒声，从呼吸通道的一端向另一端发出声波。在进行回声定位时，鲸鱼每秒钟能够发出数百次咔嗒声。

当声音触碰到物体时，比如鱼群，就会折回到鲸鱼那里。通过这些回声，鲸鱼就能够弄清物体的形状、大小以及与自己的距离。它们甚至能够分辨出该物体是否是生物，比如鱼类，又或者只是某种坚硬的物体，比如岩石。

咔嗒声穿过白鲸的额隆向外传送。白鲸能够通过改变额隆的形状，将咔嗒声瞄准水中的某个物体，这种方式有点像用激光瞄准某个物体。

# 海豚

爱嬉戏的生灵

一群海豚正在快速游动，突然它们纵身跃起，又再次潜入水中。这种热爱嬉戏的动物，有着长长的喙、弯曲的鳍、“微笑着”的嘴巴，很容易辨认。在世界各地的海洋甚至部分河流中都能见到它们。

## 亲朋好友

海豚通常成群结队地旅行，有时候不同种类的海豚还会和其他大型鲸鱼结伴。当海豚群游过时，水里就会传来它们口哨般长而尖的叫声。海豚也会通过身体来沟通：它们用尾巴拍打水面，用鳍相互磨蹭。

你知道吗？
海豚是齿鲸家族中数量最为庞大的分支。

# 淡水豚

潜到这条大河的水面下，你或许会发现非同寻常的一幕：一只淡水豚在浑浊的河水中缓缓游动。与它们的海洋亲戚不同，淡水豚通常单独行动，寻找食物。淡水豚只分布在世界上的几条河流中。

# 海洋杂技演员

海豚能高高地跃出水面，并在空中旋转、翻跟斗。有些海豚能够用尾巴站立，并且在水面上倒着“走”。它们甚至会和其他伙伴组队，一同完成完美的表演。飞旋原海豚是杂技水平最为高超的，数数它跃入空中后转了几个圈——1、2、3、4、5、6、7!

# 活泼开朗爱学习

海豚虽然没有手，却能学会使用工具。生活在澳大利亚的一群热带点斑原海豚学会了从海床上扯下海绵*，套在自己的喙上。当海豚在尖利的岩石及珊瑚间寻找猎物时，这些柔软的海绵能够起到保护作用。某些宽吻海豚会在水里吹出环状的气泡当作玩具，它们会从气泡中穿过，甚至互相传递这种气泡。

*编者注：海绵是一种低等多细胞动物，多生在海底岩石间，附在其他物体上。

# 弓头鲸

海洋音乐家

欢迎来到北极，地球上最寒冷的地方之一。在冰雪覆盖的海洋深处，弓头鲸正在游弋，如同体形庞大的灰色潜水艇，搜寻着食物燃料。

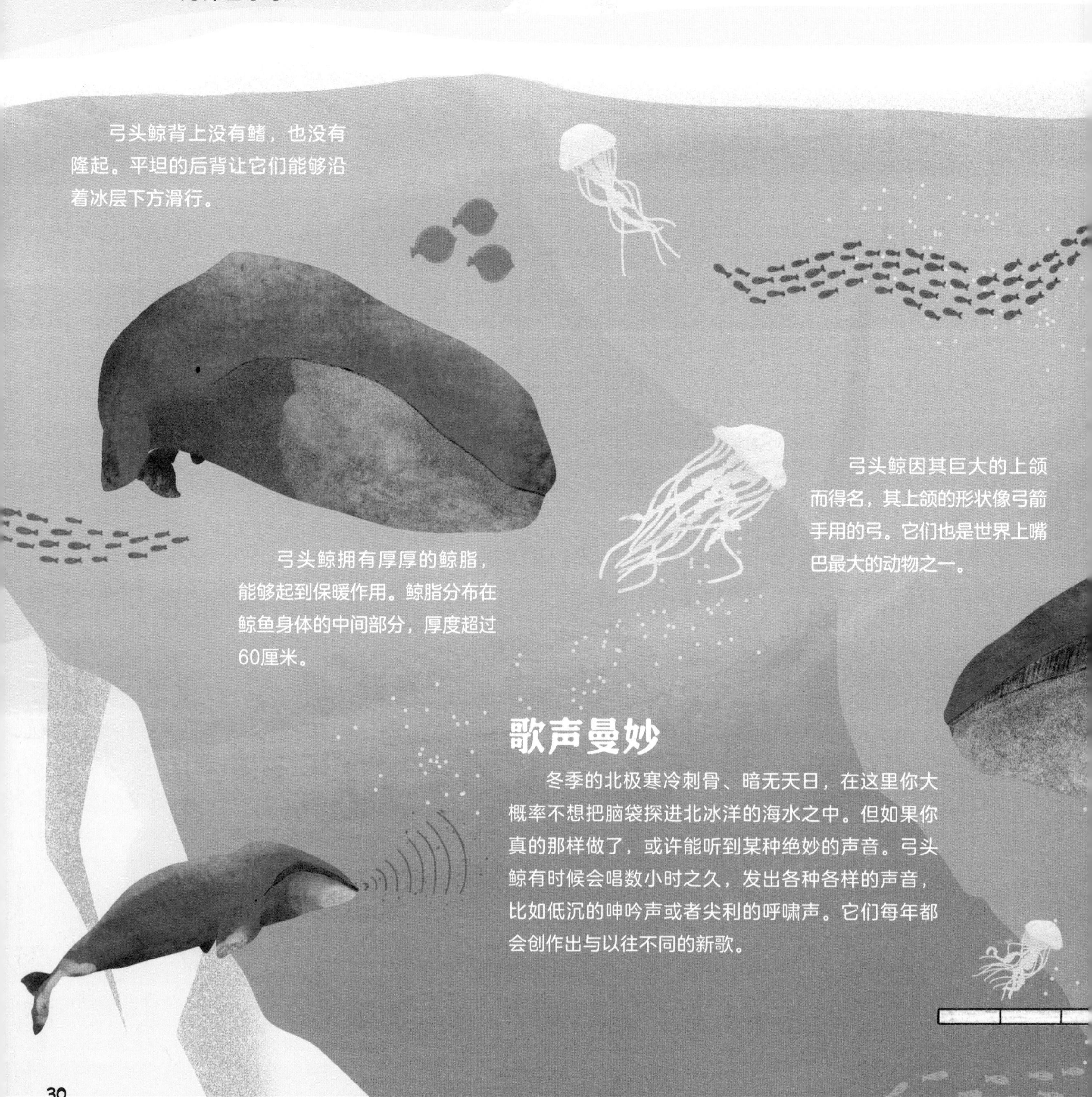

弓头鲸背上没有鳍，也没有隆起。平坦的后背让它们能够沿着冰层下方滑行。

弓头鲸因其巨大的上颌而得名，其上颌的形状像弓箭手用的弓。它们也是世界上嘴巴最大的动物之一。

弓头鲸拥有厚厚的鲸脂，能够起到保暖作用。鲸脂分布在鲸鱼身体的中间部分，厚度超过60厘米。

## 歌声曼妙

冬季的北极寒冷刺骨、暗无天日，在这里你大概率不想把脑袋探进北冰洋的海水之中。但如果你真的那样做了，或许能听到某种绝妙的声音。弓头鲸有时候会唱数小时之久，发出各种各样的声音，比如低沉的呻吟声或者尖利的呼啸声。它们每年都会创作出与以往不同的新歌。

## 破冰者

在北冰洋的浮冰之间，经常能够发现弓头鲸的身影。与所有鲸鱼一样，它们也需要浮到海面呼吸。弓头鲸会用自己强有力的头部，将像床垫一样厚的冰层撞碎，然后透过缝隙呼吸。科学家们认为，这种鲸鱼能够利用自己叫声的回声，判断出冰层的厚度。通过这种方式，它们就能避免去撞击太厚的冰层。

你知道吗？
这种鲸鱼身强体壮，
能够活到200多岁。
它们也是世界上最长寿
的哺乳动物之一。

体长：可达约21米

体重：可达约90吨

# 蓝鲸

地球上最大的动物

想象一下，当你置身海上，发现一道巨大的黑影从暗处游出，逐渐朝你靠近。它的身形比最庞大的恐龙还要大，身长比3辆公交车还要长，体重和25头非洲象差不多。你刚刚见到的其实是地球上最大的动物。但别担心，这头巨型哺乳动物不会吃掉你，因为人类和它的食物相比太大了。

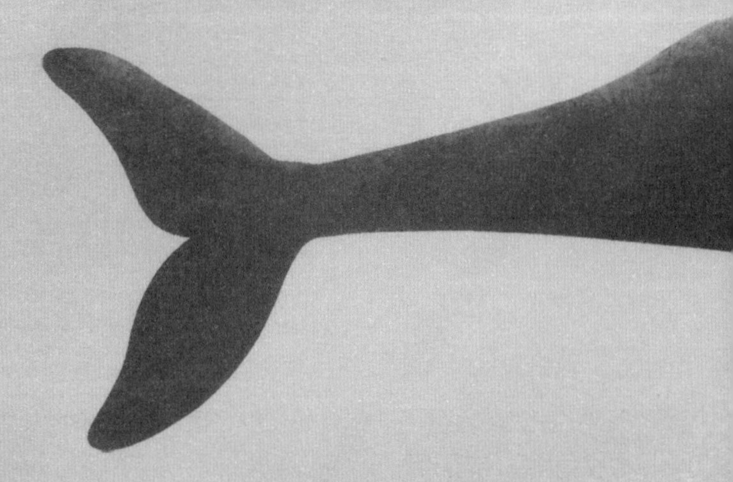

## 超级声音

蓝鲸体形大，发出的声音也很大。它们能发出各种各样的声音，包括咔嗒声、嗡嗡声以及隆隆的轰鸣声。它们的叫声能够达到180分贝，比大型喷气式飞机起飞时的响声还大。事实上，蓝鲸是全世界叫声最大的动物之一，但即便如此，你或许还是无法听到它们的声音，因为蓝鲸悠长的叫声大部分都很低沉，频率低于人类能听到的最低频率。

你知道吗？
刚刚出生的蓝鲸体形和一头成年大象差不多大。

鲸鱼在捕食的时候，经常将鱼群驱赶到海面附近。这一行为也让海鸟们受益，它们可以趁此机会捕食鱼儿。所以在鲸鱼进食时，总有成群的海鸟聚集在它们附近。

## 磷虾和桡足类

这些长相像虾的生物比曲别针大不了多少，但它们却是各类动物的主要食物来源，从鱼类到海鸟，再到身形庞大的须鲸。

## 长眠海底

鲸鱼死去后，身体会沉到海底，成为小鱼和虾类的食物。坠落海底的鲸鱼也会变成珊瑚和海绵的食物，珊瑚礁和海绵礁则是许多小型鱼类及贝类生活的地方。

蓝鲸呼吸时喷出的气柱能够达到约12米高——和电线杆的高度差不多。

## 饥饿的鲸鱼宝宝

蓝鲸妈妈的乳汁黏腻、浓稠，蓝鲸宝宝每天要喝掉大约400升乳汁——这相当于喝掉200大瓶（每瓶约2升）鲜奶油！出生后头几个月，它们每天体重增长超过100千克。

## 大胃王

蓝鲸是一种食量极大的须鲸，每天要吃掉几吨磷虾，它们经常张开嘴巴，翻滚着冲进磷虾群。

蓝鲸喉部及腹部的腹褶能够伸展开来，容纳大量食物和海水。

## 同伴却不同行

蓝鲸的叫声能够在水下传播很远，它们甚至能够利用声音与数百千米外的同伴交流。

蓝鲸常常单独或成对行动。但就算结伴而行，它们通常也会相隔约800米的距离，需要交流时就采取远距离对话的方式。

体长：可达约30米  体重：可达约150吨

# 生命网络

万物相互联系

蓝鲸是世界上最大的动物，但它们吃的却是一些很小的食物，比如小鱼和磷虾。一头蓝鲸每天能够吃掉几吨食物，相当于4000多万只磷虾！

即便它们的食量如此惊人，满是鲸鱼的海洋对磷虾和鱼类而言仍是非常理想的家园。鲸鱼所做的许多事情，都有助于海洋保持健康并且生机盎然。

## 浮游生物

当阳光照射在海面上，漂浮着的微小海草（一种浮游生物）便能够生长并扩散开来。浮游生物是磷虾和小鱼的主要食物。

鲸鱼在水下捕猎，但呼吸时必须浮上水面。它们在潜入水中之前，往往会排便。鲸鱼粪便里含有来自深海的各种营养成分，是生活在海面附近的小型动物的主要食物来源和植物的肥料来源。

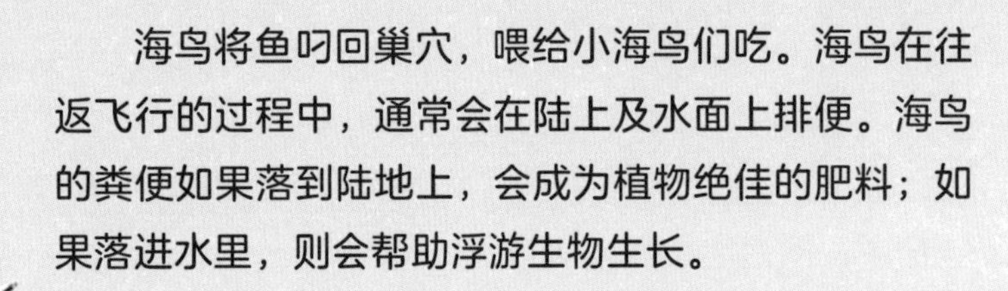

海鸟将鱼叼回巢穴，喂给小海鸟们吃。海鸟在往返飞行的过程中，通常会在陆上及水面上排便。海鸟的粪便如果落到陆地上，会成为植物绝佳的肥料；如果落进水里，则会帮助浮游生物生长。

# 萝卜青菜各有所爱

小型鱼类以浮游生物为食，大型鱼类主要捕食小型鱼类，鲸鱼、海豚、鼠海豚以及许多其他动物则捕食大型鱼类。许多不同种类的动物或许会在某些海域汇聚，因为那里鱼群众多。

鲸鱼死后，其小块的皮肉被洋流带回海面，成为养料，促使新的浮游生物不断生长。

# 从海洋到天空

虽然鲸鱼呼吸空气，但它们无法在陆地上生存。它们能够在海洋中优雅徜徉，却不能上岸，因为其庞大的身躯实在太过沉重，无法四处移动。但这并不影响它们探索水中家园之外的世界。

## 偷偷瞧一眼

鲸鱼能够把头探出水面，环顾四周，这个动作叫作“浮窥”。因为大多数鲸鱼的颈部无法弯折，进行浮窥时，鲸鱼必须将身体挺直。虎鲸在猎捕岸边的动物（如海豹）时，经常会进行浮窥。

## 尾巴玩得欢

有时候，鲸鱼会把尾巴高高伸出水面，然后猛地向下来一记重击，这个动作叫作“甩尾”，可以用来吓唬小鱼，或者与其他鲸鱼交流，因为拍击声震耳欲聋，即使距离很远也能听到。

## 再来转个圈

某些鲸鱼和海豚会用它们的鳍拍打海水。大翅鲸有时候会躺在水里，将一只或者两只又长又灵活的鳍状肢高高抬起，然后开始翻滚，这样一来，每只鳍状肢都会不断地击打海水。

## 飞跃时刻

鲸鱼在快速游动、追击猎物或者躲避危险的时候，需要与水面保持较近的距离，为的是方便呼吸。处在高速移动状态时，在空中跳跃比在水中穿行更加轻松，因此鲸鱼会急速朝水面游动，然后贴着水面蹿出，最后再钻入水中。

## 溅起巨浪

鲸鱼有时会奋力一跃，使大半个乃至整个身体露出水面，这个动作叫作“腾跃”。它落入水中时，会溅起巨浪，而其拍打水面发出的巨大声响，即便是位于几千米外的鲸鱼也能听到。鲸鱼腾跃的目的或许是清洁自己的身体，将皮肤上的藤壶或者其他生物甩掉。腾跃也有可能是鲸鱼间的一种交流方式。

# 抹香鲸

脑部最大的动物

如果你发现一头皮肤皱皱巴巴、长着巨大方形脑袋的鲸鱼，那你看到的就是地球上最庞大的动物之一——抹香鲸。这种方块脑袋的哺乳动物真的非常神奇——它们拥有世界上最大的大脑。它们并不攻击人类，但如果你碰巧是只乌贼，可要小心——大脑袋的捕食者要来捉你了！

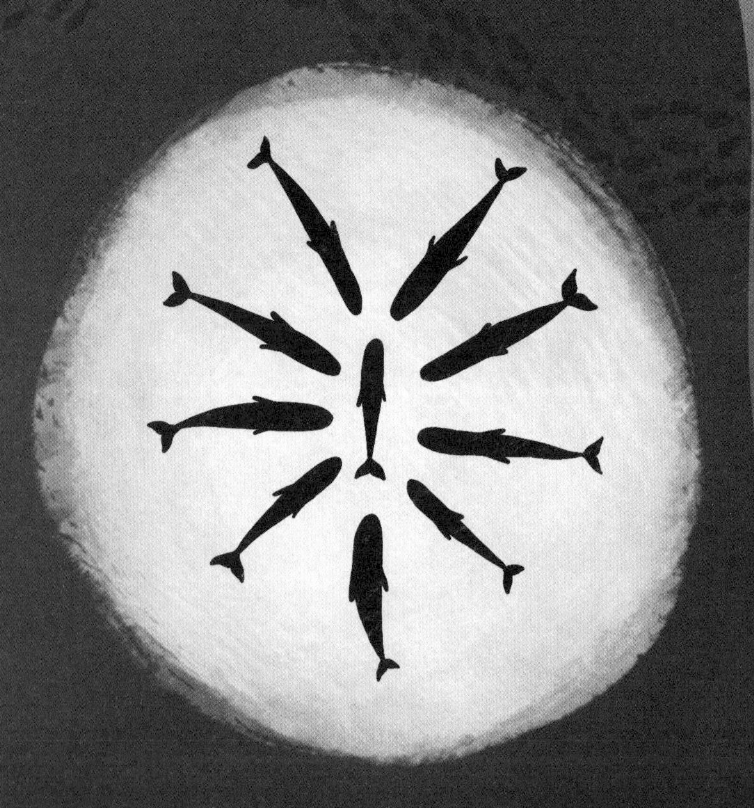

## 叫声各不同

抹香鲸能发出尖利的叫声，声音最响的时候，和火箭升空时的声音差不多。它们彼此呼唤时，会发出不同类型的咔嗒声，被称为“密码曲”。每群抹香鲸都拥有自己与众不同的密码曲。

体长：可达约18米

体重：可达约50吨

## 妈妈忙不停

雌性抹香鲸会组成数量多达20头的鲸群，相互支持，团结一致。它们会在水面上轮流照看彼此的幼鲸，其他抹香鲸妈妈则潜进水里捕食。如果虎鲸之类的猎食者威胁到幼鲸的安全，抹香鲸妈妈们会摆出类似花朵的形状，将幼鲸们围在中央。

你知道吗？
抹香鲸是最大的齿鲸，
同时也是世界上最大的
拥有牙齿的动物。

## 头朝下潜水

硕大的脑部并不是抹香鲸头部仅有的显著特点。它们头部的前端有个巨大的囊，里面装满了一种叫作“鲸蜡”的油性物质，其作用可能是更加准确地发出声波，以便更好地捕猎和交流。

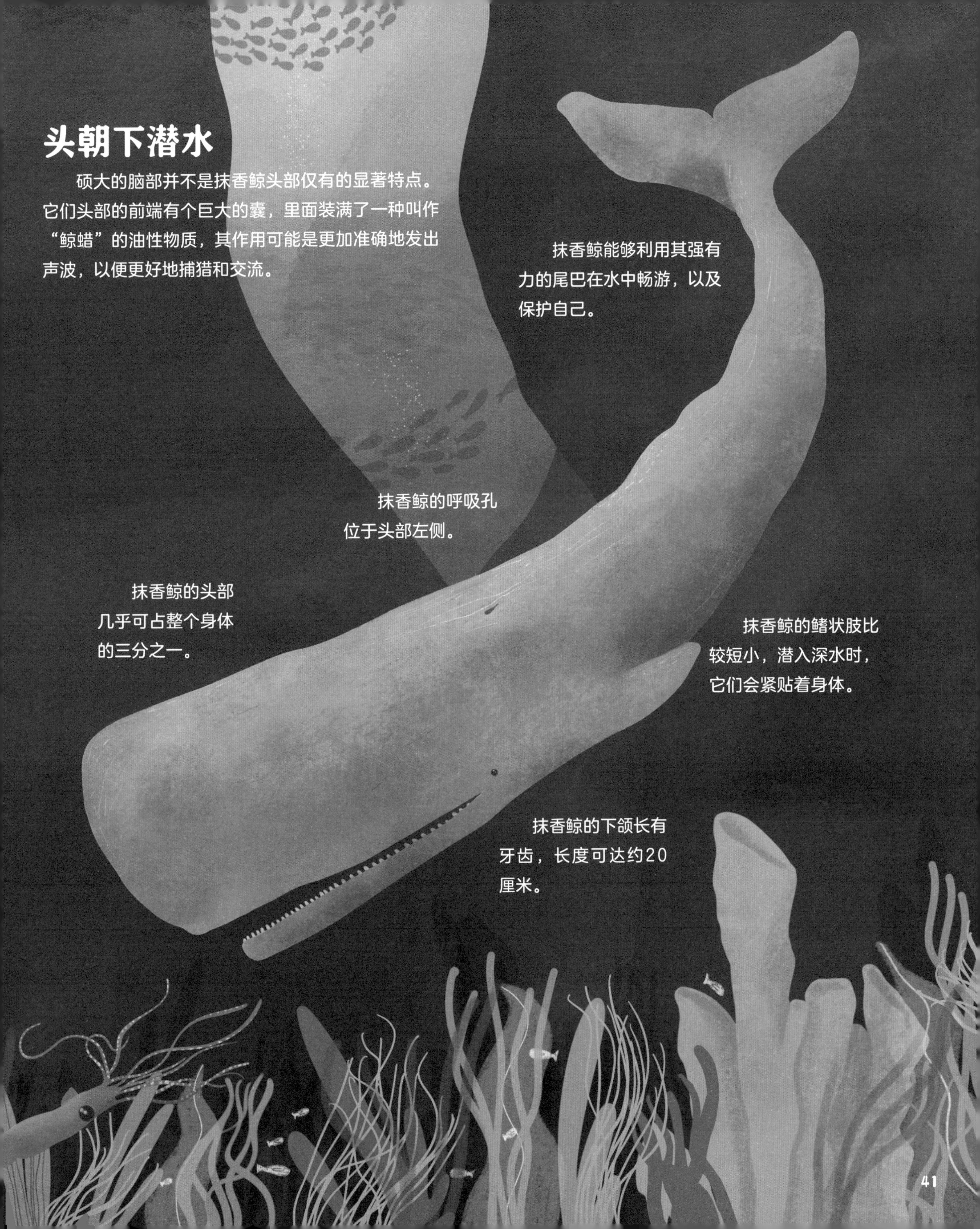

抹香鲸能够利用其强有力的尾巴在水中畅游，以及保护自己。

抹香鲸的呼吸孔位于头部左侧。

抹香鲸的头部几乎可占整个身体的三分之一。

抹香鲸的鳍状肢比较短小，潜入深水时，它们会紧贴着身体。

抹香鲸的下颌长有牙齿，长度可达约20厘米。

# 鲸鱼研究

研究看不到的内容

想象一下，如果科学家们决定对你进行研究，所做的事情却只是打量你的鼻子，你认为他们对你的生活能够有多深的了解？鲸鱼一生中绝大部分时间都在水下度过，远离我们的视线。我们只能偶尔瞥见其庞大身躯的某些局部。观察浮在水面上的鲸鱼固然重要，但研究人员还必须利用其他工具，研究在水下发生的一切。

## 味道不太好

研究人员会利用网或者无人机，从鲸鱼喷出的水汽甚至排出的粪便中取样来研究。这些样本的味道或许不太好，但却能提供极具价值的信息，告诉研究人员鲸鱼吃了什么，以及健康程度如何。有些研究人员还会借助训练有素的狗，在海面上寻找鲸鱼粪便。

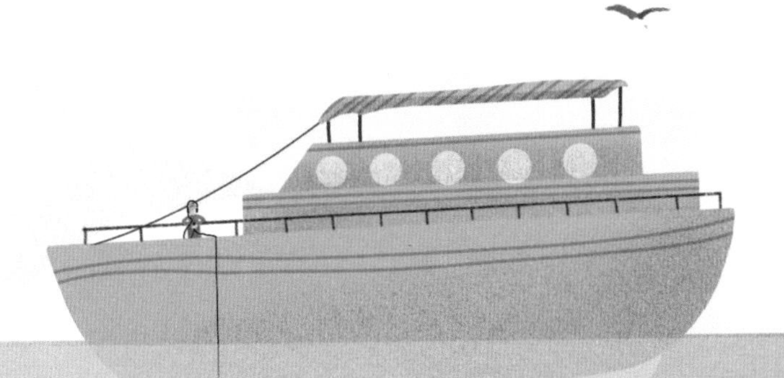

## 仔细倾听

利用水下传声器，研究人员可以听到鲸鱼的叫声，这有助于了解鲸鱼彼此之间是怎样“交谈”的。水下传声器还能记录不同鲸鱼发出叫声的地点和时间，帮助研究人员了解鲸鱼的活动轨迹。

## 失去自由的鲸鱼

有些研究人员研究的对象是生活在水族馆里的鲸鱼、海豚和鼠海豚。通过近距离的观察，研究人员能够了解这些动物共同生活和玩耍的方式，以及它们交流和使用回声定位的途径。但一些研究人员则认为，将鲸鱼和它们的家族成员分开，并把如此聪明且活泼的野生动物养在小小的水池里，显然是不合适的。

# 鹅喙鲸

深海潜水冠军

准备好和深海潜水冠军一起去潜水了吗？深吸一口气，和鹅喙鲸一起，潜进神秘的海洋深处。鹅喙鲸在捕食乌贼和鱼类时，能够在水底停留两个多小时，但如果是你，可能早就迫不及待想要呼吸了。

## 透不过气

人类在潜水之前，会先深吸一口气。鹅喙鲸则截然相反：在进行长距离潜水之前，它们会把肺里几乎所有的空气都呼出去。空气会使浮力增加，因此，如果将空气排出，鹅喙鲸下潜时就能够达到更快的速度，消耗更少的能量。此时它们消耗的并不是肺中的氧气，而是储存在肌肉里的氧气。

体长：可达约7米

体重：可达约3吨

## 置身深海

鹅喙鲸经常在约1.5千米深的海底捕猎，有一头鹅喙鲸甚至潜到了深度将近3千米的深海——这是哺乳动物潜水的最高纪录。

## 远离海岸

鹅喙鲸是最常见的一种喙鲸，但仍然很难发现它们的踪迹，因为它们喜欢待在海底，远离海岸。

成年雄性鹅喙鲸的头部和背部通常都有伤疤，很可能是被其他雄性鹅喙鲸用牙齿撞击造成的。研究人员会根据伤疤来辨别不同的鹅喙鲸。

与其他齿鲸一样，鹅喙鲸也只有一个呼吸孔。

鹅喙鲸的鳍状肢很短，能够塞进名为“胸鳍窝”的窄小空洞里，当它们下潜时，就会把鳍状肢塞到里面。

虽然鹅喙鲸被分在齿鲸亚目，但它们几乎没有功能性牙齿。成年雄性鹅喙鲸只有两颗较短的圆锥形牙齿，从下颌向外突出。雌性和幼鲸的牙齿并不外露。

你知道吗？
鹅喙鲸没有功能性牙齿，
无法撕咬猎物。因此，在水里
捕到乌贼或鱼类后，
它们会将猎物整个吞进肚子。

# 养育宝宝

鲸鱼妈妈会用鳍状肢抚摸自己刚刚出生的宝宝。为了养育自己的孩子，它会竭尽所能。在海洋中生存，有太多东西需要学习，鲸鱼宝宝会遇到许多危险，但鲸鱼妈妈会陪在它们身旁，直到它们长得又大又壮，就像它们的妈妈那样。

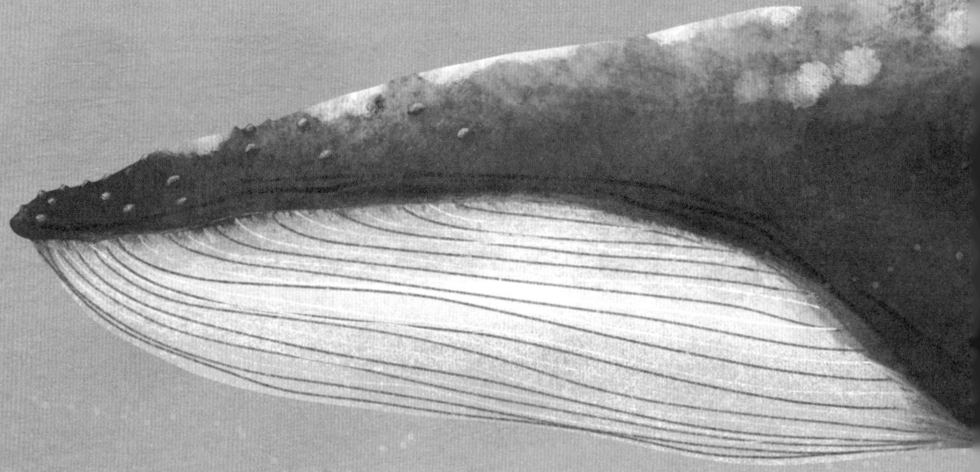

## 帮个小忙

小的时候，如果感觉累了，你会让大人抱着或者背着。鲸鱼妈妈无法抱起自己的孩子，但它们却有办法带着宝宝到处旅行。鲸鱼妈妈在游动时，它们那庞大的身躯会在水中掀起一股水流。鲸鱼宝宝只要待在离妈妈足够近的地方，就会被这股水流托起并随着水流前进。在鲸鱼妈妈游动时，鲸鱼宝宝甚至能够睡觉和吃奶。

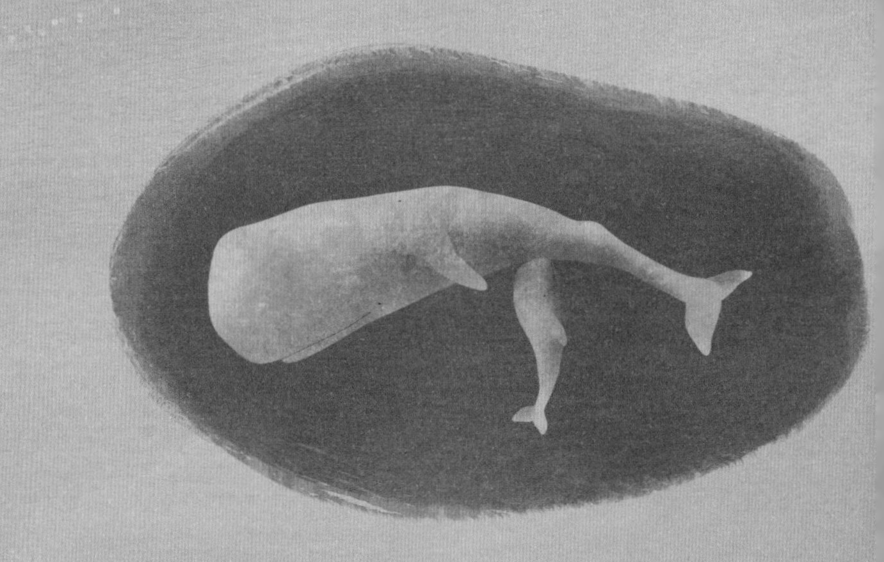

## 生来会游泳

鲸鱼宝宝出生在水里，所以它们出生后要做的第一件事就是游到水面上呼吸。它们通常是尾巴先出来，这能让它们立即做好游泳的准备。

## 鲸鱼宝宝吃什么

鲸乳富含脂肪，能够帮助鲸鱼宝宝长出一层鲸脂。鲸鱼宝宝稍微吃一会儿母乳，就要上浮到水面呼吸。

你知道吗？
鲸鱼妈妈有时候会得到其他雌性鲸鱼的帮助。这些雌性鲸鱼会在鲸鱼妈妈捕食时帮它照料宝宝，可能也会将自己的食物分给鲸鱼宝宝吃。

## 小点声！

大多数鲸鱼的叫声都很响亮，并能在水下传播很远。这让鲸鱼能够与相距较远的伙伴进行交流，但也会引起猎食者的注意。因此，鲸鱼宝宝和妈妈交流时声音很小，就像在窃窃私语。

## 危险！

饥肠辘辘的虎鲸总能第一时间发现缺乏自卫能力的猎物。如果它们能够将鲸鱼宝宝和妈妈分开，一顿美餐就到手了，但鲸鱼妈妈会拼尽全力保护自己的宝宝，猛烈地予以还击。有时候，鲸鱼妈妈会把自己的孩子放在背上，驮着它远离虎鲸的追捕。

# 鼠海豚

灵敏又迅速的鲸鱼

一群鼠海豚飞一般地在平静的水中穿梭。它们跃出海面，光滑的皮肤在阳光下闪闪发亮，它们快速完成换气，然后再次潜入水里。远远看去，你可能误以为这种活泼的海洋生物是海豚，但凑近点看，你会发现二者有很大的差别。

## 找出差别

与海豚一样，鼠海豚也属于小型齿鲸。两者都速度快、智商高，而且性格活泼。要想将它们区分开来，可以参考下面这些较为简单的方法。

头部：鼠海豚的喙和嘴巴比较短；海豚的喙长一些，嘴巴也宽一些。

牙齿：鼠海豚的牙齿形状像铲子，海豚的牙齿则是锥形。

身体：鼠海豚身体粗短，海豚身体细长。

鳍：鼠海豚的背鳍较小，呈三角形；海豚的背鳍略微弯曲，形状像钩子。

## 吃个不停

鼠海豚身形娇小，却非常好动，因此需要吃很多东西。某些种类的鼠海豚每小时能够吃掉多达500条的小鱼，相当于每分钟吃掉将近10条小鱼。

长江江豚是世界上仅存的淡水鼠海豚。它们没有背鳍，背上有一道不高的隆起。

体长：可达约1.8米　　体重：可达约90千克

你知道吗？
鼠海豚家族包括几种体形最小的鲸类。

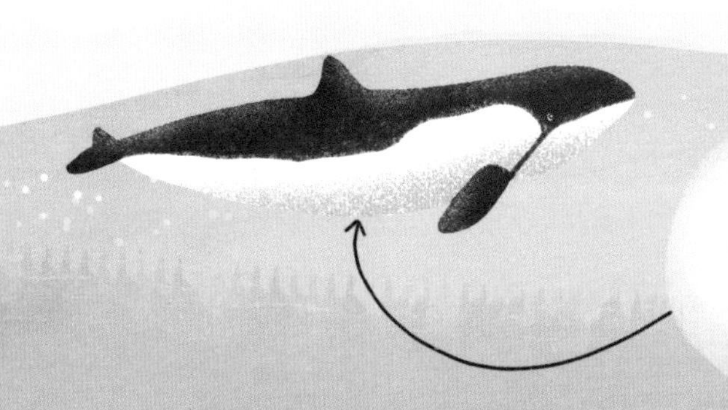

## 躲避猎食者

港湾鼠海豚背部呈暗灰色，腹部则是白色，与许多其他鲸类及海洋动物相似。这种颜色搭配能帮助它们避开猎食者。从上方看去，它们暗灰色的背部与幽暗的海洋融为一体；从下方看去，它们白色的腹部又与头顶被阳光照亮的海水融为一体。

## 高音歌手

鼠海豚不像海豚那么“健谈”，但它们也会用咔嗒声和吱吱声相互沟通。它们的叫声大多频率太高，人类的耳朵无法听到。鼠海豚也会使用回声定位捕鱼。

加湾鼠海豚是最为珍稀的鼠海豚，也是整个鲸类家族中个头最小的。成年加湾鼠海豚通常只有约1.5米长，甚至还没有你的床长。

体长：可达约1.5米　体重：可达约55千克

多尔鼠海豚是所有鼠海豚中游速最快的。多尔鼠海豚经常会接近船只，然后跃出水面，在它们掀起的波浪中嬉戏。

体长：可达约2.3米　体重：可达约200千克

# 灰鲸

长途旅行专家

恰逢春日，如果站在北美洲西海岸远眺大海，你或许会看到一种低矮的心形气柱，那是灰鲸浮上水面在呼吸。在它经过时，不妨挥挥手，不过别期待它会停下来跟你打招呼。身为游泳高手的它们，一生中多数时间都在迁徙，它们往往会全速前进，直到抵达目的地。

你知道吗？
一头雌性灰鲸曾在不到6个月的时间里游了约21900千米，相当于绕地球游了半圈多。

灰鲸宝宝不离妈妈左右，有时候还会骑在妈妈后背或者尾巴上。灰鲸宝宝的皮肤没有任何杂色，因为它们身上还没有鲸虱或者藤壶。

体长：可达约15米

体重：可达约36吨

灰鲸的皮肤上全是藤壶和一种长得像螃蟹的小动物——鲸虱。这些免费“乘船”的小家伙们，附着在鲸鱼的皮肤上，在鲸鱼游动时从水中抓取食物。

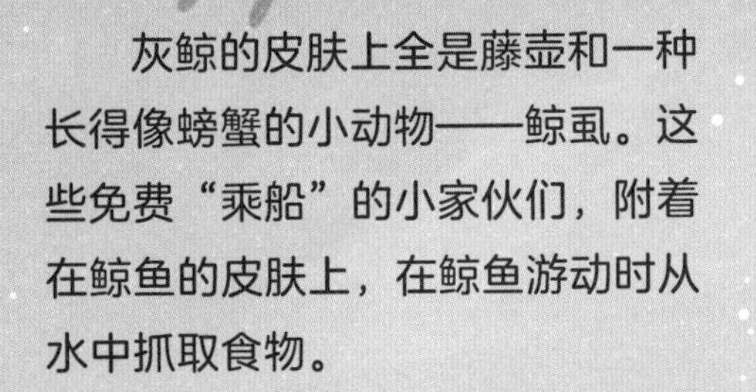

灰鲸的头部及口鼻既高又窄，便于它们吞食侧面的猎物。

灰鲸的口鼻及下颌附近有胡须状的柔韧短毛，可能是用来感知海床上的物体的。

灰鲸鬃毛似的鲸须非常短，因此它们能够在海床上觅食，而鲸须不会缠到岩石上。

## 吃东西不怕脏

如果你探索过浅海泥泞的海底，或许会在泥里发现一些巨大的嘴巴印迹。这些是灰鲸吃东西时留下的。大多数须鲸吃东西的时候，都会吞进一大口混合着食物的水，而灰鲸吃东西的方式要脏一些。它们会下潜到海床附近，翻转身体，将黏稠的泥水吞进嘴里，然后闭上嘴，让泥水通过鲸须渗出去，把美味可口的虾和其他小动物留下。

# 它们现在在哪里？

灰鲸是长距离旅行冠军，但除了灰鲸以外，许多须鲸都会进行长距离旅行，我们把这种旅行叫作“迁徙”。这种生物一生都在世界各大洋来回周游，以保证它们总能够出现在合适的地点，觅得食物，繁衍后代。那么，现在它们究竟身在何处呢？

## 冷冷热热

鲸鱼宝宝没有足够的鲸脂来保暖，因此，对它们来说，温暖的水域更加适宜。但是温暖的水域又没有足够的食物供饥饿的成年须鲸食用。解决这个问题的方法是迁徙。它们在温暖的海域和寒冷的海域之间迁徙，温暖的海域适合繁衍后代，寒冷的海域则提供丰富的食物。

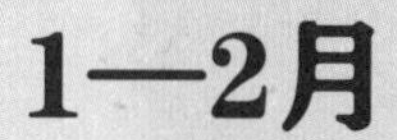

## 1—2月

灰鲸宝宝在墨西哥海岸温暖的避风港湾出生。此处海水不深，灰鲸能够避开猎食者，比如虎鲸。温暖的海水中富含盐分，灰鲸宝宝更容易漂浮起来，这段时间它们还会长上一层厚厚的鲸脂。

## 3—4月

成年雄性灰鲸开始向北迁徙。灰鲸妈妈则带着宝宝跟在后面，被甩开较远的距离。这给了灰鲸宝宝充足的时间，在它们真正开始长途旅行之前长出更多脂肪，变得更加强壮。

注：本书所有插图均来自原版书。

## 5—6月

灰鲸陆续抵达寒冷的北方水域。冬季结冰的海洋正在融化，海水中有很多鲸鱼最爱吃的磷虾。此时，大多数灰鲸妈妈和它们的宝宝仍在向北迁徙的路上。

## 7—8月

灰鲸抵达它们位于极北地区的家园。在俄罗斯和阿拉斯加北部附近海域，灰鲸与弓头鲸、大翅鲸、小须鲸以及许多其他种类的鲸鱼一起，分享美味的鱼肉大餐。

## 9—10月

所有鲸鱼都会尽其所能填饱肚子。它们必须储存许多鲸脂，从而拥有足够的能量，以应对接下来几个月的冬日时光。一旦离开食物丰饶的地区，灰鲸就不再大量进食，直到次年春天再次回归。

## 11—12月

灰鲸返回它们温暖的冬季家园。这次，由身怀六甲的雌性鲸鱼带路，以确保它们能够及时抵达，让宝宝平安降生。

# 小须鲸

充满好奇的来客

一头身材细长的小须鲸悄悄出现在观鲸船附近，迅速浮出水面完成换气。等船上的乘客转身去看，它已经不见了踪影。这种鲸鱼是出了名的难得一见。由于它们呼气时散发出的气味，它们被称为“口臭小须鲸”，不过，大多数鲸鱼的口气都带有强烈的鱼腥味。

## 小须鲸的迁徙

有两种小须鲸：一种是比较常见的小须鲸，即分布于北半球的小须鲸；另一种是分布于南半球的南极小须鲸。

每逢冬季，两种小须鲸都会迁徙到赤道附近温暖的繁殖地，但它们很难碰面。因为北半球的小须鲸过冬的时候，南极小须鲸在度过夏季，所以它们总会朝彼此相反的方向迁徙。

北半球的小须鲸鳍状肢上都有一条白色的“臂章”，但南极小须鲸没有。

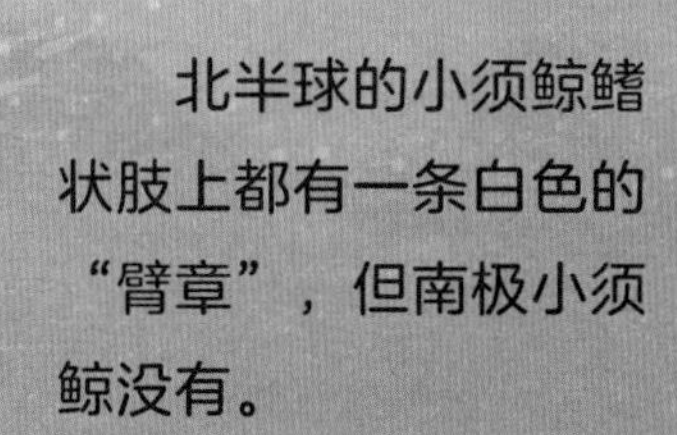

体长：可达约10米

## 喷气时刻

在海上，发现鲸鱼最简单的方法通常是，用耳朵和眼睛搜寻它们响亮的喷气声以及巨大的喷气柱。然而，这种方法对于小须鲸来说却不太适用，因为它们在水下就开始呼气，这意味着它们喷出的气柱通常比较低，声音比较小，也就比较难发现。

小须鲸经常在浮冰之间及其周围觅食。它们能够用尖尖的脑袋将冰层戳出洞来，从而完成换气。

体重：可达约13.5吨

# 露脊鲸

容易被捕猎的鲸鱼

在世界上的某些地区，人类捕杀鲸鱼已有数千年历史。每年只需要猎捕几头鲸鱼，就能够解决全村的吃饭问题。但从15世纪开始，捕鲸被赋予了重要的商业价值，捕杀鲸鱼可以得到鲸肉、鲸油以及柔韧的鲸须。1986年，为了保护生态，国际捕鲸委员会宣布禁止商业捕鲸。

对于露脊鲸来说，人类捕杀鲸鱼是个特别糟糕的消息。因为这种鲸鱼身材粗壮、行动缓慢，被认为是捕猎的最佳目标。现在，大规模捕鲸的时代早已过去，但仍然有许多露脊鲸遭到捕杀，它们也因此变得极为稀少。

露脊鲸属共有3种：北太平洋露脊鲸、北大西洋露脊鲸以及南露脊鲸。北太平洋露脊鲸数量极少，很难见到它们的踪迹。北大西洋露脊鲸生活在北大西洋海域；南露脊鲸大多出现在南半球的南部海域。与其他须鲸一样，它们也会在秋冬迁徙到温暖的水域，等春夏再回到较冷的水域。

露脊鲸的尾片较长，呈V形。

你知道吗？

露脊鲸通常独居，或者以小群的方式生活，但有时候，它们也会聚集在一起，组成活跃的群体。可能会有多达40头露脊鲸挤在一起，相互摩擦、相互碰撞。

体长：可达约17米

露脊鲸的头部通常覆盖有粗糙不平的角质瘤。
露脊鲸的腹部常有不规则的白斑。
露脊鲸的下颌宽大、弯曲。它们经常张大嘴巴掠过水面，把食物吞进嘴里。
体重：可达约100吨

# 人类与鲸鱼

人类与鲸鱼相伴度过了漫长的岁月。与许多长篇故事一样，人与鲸鱼的故事也有悲有喜。

在地球的最北端，人类曾经有数千年的时间以捕鲸为生。那里树木稀少，人们不种植庄稼，也不饲养禽畜，依靠猎捕鲸鱼获取肉食，鲸鱼长而坚硬的骨骼则可以被制成工具或者用来建造房屋。

在世界上的其他地区，人类和海豚学会了协作捕鱼。海豚把鱼朝渔民的渔网里赶，渔民满载而归，而剩下的鱼也能让海豚美餐一顿。

曾有数百年时间，人们将鲸脂制成油，点亮世界各地街用和家用灯盏。而又长又柔韧的鲸须则被用作撑条，用来加固或支撑女士们的衣服。

遗憾的是，人类对鲸制品的需求量非常巨大，这意味着大量的鲸鱼遭到了捕杀。人们利用配有强力渔叉的船只，猎捕越来越多的鲸鱼。20世纪50年代，许多种类的鲸鱼因为捕杀已经濒临灭绝。

与此同时，人们更多地了解到鲸鱼的智慧和美。到20世纪80年代，许多国家已经明令禁止大部分的捕鲸行为。

今天，有些种类的鲸鱼数量已经比捕鲸时代有所回升，但还有一些种类的鲸鱼依然稀少。科学家们正在研究怎样才能帮助这些温柔的大家伙。人们已经开始去探索能从鲸鱼以及与它们亲密生活的人们身上学到什么。而在世界各地，许多人喜欢在闲暇时去赏鲸。或许，人类和鲸鱼未来的关系会更加和谐。

# 一角鲸

海中独角兽

几百年前，有人在欧洲兜售神奇的独角兽角，国王、王后和收藏家们纷纷上当，支付巨款购买。只有那些贩卖北极货物的商人和北极原住民知道真相。这些螺旋状的长角其实来自一种小型齿鲸——一角鲸，它们终生都在冰天雪地的北极度过。

## 了不起的牙齿

一角鲸生来只有两颗牙齿。大多数雄性一角鲸右侧的牙齿从不生长，左侧的牙齿则会长成利矛一般的长牙，称为“獠牙”。这颗獠牙会一直生长，并穿过一角鲸的上唇。在偶然的情况下，雌性一角鲸也会长出一颗甚至两颗獠牙。

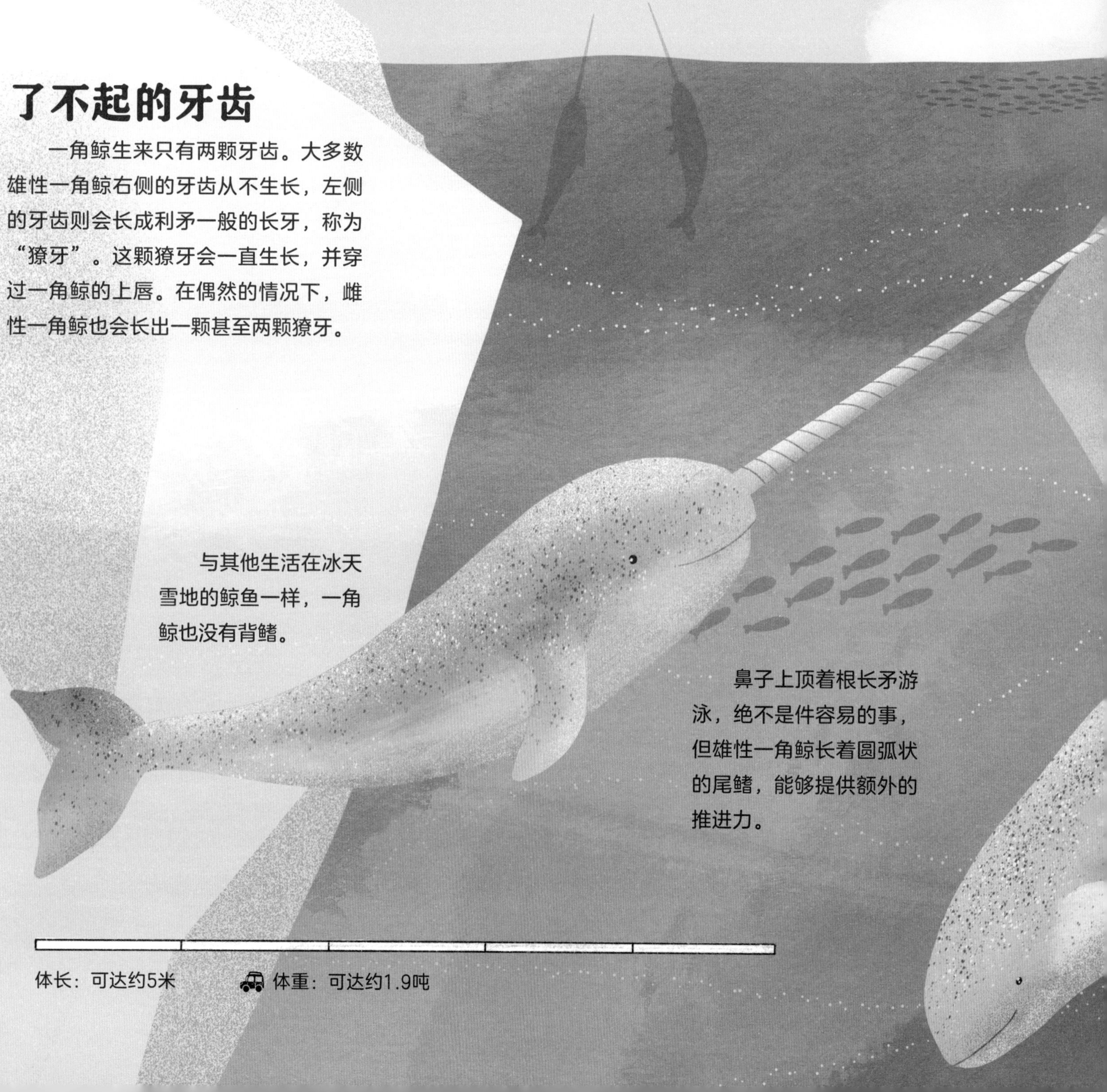

与其他生活在冰天雪地的鲸鱼一样，一角鲸也没有背鳍。

鼻子上顶着根长矛游泳，绝不是件容易的事，但雄性一角鲸长着圆弧状的尾鳍，能够提供额外的推进力。

体长：可达约5米

体重：可达约1.9吨

你知道吗？
一角鲸的獠牙能够长到约3米长。想想看，它们的獠牙大约相当于你牙齿的500倍长！

## 引人注目的感觉器官

虽然一角鲸的獠牙看上去像武器，但它其实是一种长长的感觉器官。人类的牙齿拥有坚硬的外层，保护着里面的神经，一角鲸的獠牙则完全相反：牙齿的中间是根硬杆，而敏感的外层则帮助一角鲸感受温度、压力甚至水底的细微波动。一角鲸还能用獠牙敲出尖利的声响，从而吓住猎物。

一角鲸宝宝出生时皮肤呈灰色，出生后第一年仍然是灰色的。但随着年龄的增长，它们的腹部会逐渐变白，身体两侧及背部会长出白色条纹和斑点。年龄很大的一角鲸体色几乎变成纯白色。

## 磨牙

一角鲸经常将头伸出水面，相互轻轻磨蹭獠牙，这种行为被称作“磨牙”。磨牙或许能帮助一角鲸把牙齿上的小型海洋植物以及藤壶蹭掉。

# 生命的海洋

如果乘坐火箭飞进太空，回望我们居住的地球，你将看到一颗美丽的蓝色星球。这是因为地球表面将近四分之三的区域都被海洋所覆盖，单是一个太平洋就比所有陆地加在一起还大。俯瞰波光粼粼的水面，海洋看上去似乎空空如也，但海面下其实是个忙忙碌碌、生机盎然的世界。

## 海底世界

海底和陆地有很多共同之处，这里也有高耸的山脉、低洼的谷地、平坦的平原、幽深的峡谷。在海底，由数百万鲜活的珊瑚构成的珊瑚礁可以绵延几百万米。海床上甚至还有不少裂缝，源自地底的沸水从那里汩汩冒出。这些地方是各种动物的家园，包括许多鲸鱼最爱吃的鱼类和磷虾。

## 玻璃海绵

不是所有的海绵都又软又黏——有些海绵又硬又脆。与珊瑚一样，海绵其实也是由大量的微小动物组成的。有一种海绵的骨骼由少量硅构成，而硅也是玻璃的主要成分。这些玻璃海绵形成的塔状物，差不多有8层楼那么高。

## 熟悉海水流向

月球引力、地球自转以及温度变化都会导致海水流动。在海洋中，海水会随着潮汐起伏涨落。而在某些海域，大规模洋流就像移动的人行道，将小动物们运到很远的地方。这些洋流还能像自动扶梯那样升降，将食物从深海带到海面。有些鲸鱼能够准确把握迁徙的时机，从而赶上这些食物丰富的洋流。

## 远距离传声

在水下，声音传播的距离比在空气中更远。然而，声音在水中的传播距离又有所不同，这取决于水深和水温。海平面以下约1000米的海水层最适合远距离传声。长须鲸和其他鲸鱼会下潜到这条声音通道，将它们那隆隆的低沉叫声传遍整个海洋。

# 帮助鲸鱼

在并不久远的过去，每年都有超过5万头鲸鱼遭到捕杀，只为了满足人类对鲸肉、鲸油以及鲸须的需求。如今，大规模捕鲸的行为已经停止，这对鲸鱼来说无疑是好消息，但大多数鲸鱼仍然面临着许多危险。

## 大轮船，大麻烦

每天，成千上万只船在世界各地的海面行驶，运送乘客和货物。船只的强力引擎在水底造成了大量噪声，使鲸鱼很难彼此交流，也无法分辨猎物所在的位置。有时候，鲸鱼还会被船只撞到。

## 去捕鱼

很多鲸鱼以鱼虾为食，但很多人也爱吃鱼虾。如果渔船从海里带走大量海货，鲸鱼就很难填饱肚子。鲸鱼也可能被渔网缠住，或者“自投罗网”。

## 海洋污染

对海洋来说，污染是极其严重的问题。河流、土地甚至空气中的垃圾和有害物质，最终都会进入海洋。有些污染会危害鱼类和磷虾，导致它们的数量减少，而这些正是鲸鱼赖以生存的食物。其他一些污染则会让鲸鱼生病。

## 怎样帮助它们？

在世界各地，许多人为帮助鲸鱼不遗余力：有些人在海里创建保护区，让鲸鱼和其他海洋生物能够不受干扰地平静生活；有些人发明了新的捕鱼方式，不会再伤害鲸鱼；有些人研制出了新型引擎，从而降低船只产生的噪声；甚至那些住在离海洋很远的地方的人们也在帮忙。只要能让空气、土地以及水更加干净，海洋就会变得更加健康。

### 你会怎么做？

# 词汇表（按音序排列）

**哺乳动物**：用乳汁哺育后代的一类动物，以胎生而不是卵生的方式生下幼崽。哺乳动物的大小千差万别，范围从最小的鼩鼱到人类，再到庞大的蓝鲸。

**赤道**：一条想象的线，环绕地球中部，从这条线到南北两极的距离相等。赤道将地球划分成两个相等的半球：北半球和南半球。北半球处于冬季时，南半球则处于夏季。

**吨**：重量单位。一吨为1000千克。在本书中，≈ 1.5吨，≈ 12.5吨。

**呼吸孔**：鲸鱼头顶的孔洞，鲸鱼通过它进行呼吸。须鲸有一对呼吸孔，就像人类的鼻孔，而齿鲸则只有一个呼吸孔。鲸鱼潜水时，会将呼吸孔闭合。

**回声定位**：某些动物通过口腔或鼻腔把从喉部产生的超声波发射出去，利用折回的声音来定向的方法。利用回声定位，蝙蝠和齿鲸即使在黑暗中也能“看到”物体。

**鲸**：鲸类大家族所有成员的统称，经常用来指鲸类家族的所有成员，包括鲸鱼、海豚以及鼠海豚。鲸类是呼吸空气的大型哺乳动物，它们一生都在水里度过。在世界各地的海洋以及部分河流中，都能找到它们的踪迹。

**鲸蜡**：在抹香鲸头部发现的白色蜡状物，可能有助于鲸鱼进行回声定位。人们曾经将鲸蜡用于制作化妆品、香薰、蜡烛以及软膏。

**鲸脂**：鲸鱼身上厚厚的脂肪层，能帮助鲸鱼漂浮起来，还能起到保暖作用。

**獠牙**：动物长出的一种长牙，或者用作武器，或者作为感觉器官，又或者只起到炫耀的作用。

**猎食者**：以捕杀其他动物为生的动物，典型的猎食者如狮子、老鹰、蜘蛛以及虎鲸等。

**磷虾**：一种微小的海洋动物，外形像小虾。磷虾是须鲸及众多海鸟和鱼类的主要食物来源。它们是海洋食物链最基本的组成部分，没有它们，大多数大型海洋动物将不复存在。

**滤食**：一种进食方法，通过类似筛网的结构将水挤出，同时把食物留在嘴里。须鲸就是滤食性动物，其他代表还包括藤壶、牡蛎以及许多其他甲壳类动物。

**鳍**：一种较薄的桨叶状身体部位，使动物能够在水中游动。大多数鱼类有鳍，许多鲸类背上也有鳍。鳍内没有骨骼。

**鳍状肢**：能够帮助动物在水中游动的鳍状结构。鲸鱼的鳍状肢从其陆生祖先的两条前腿演化而来。与人类的手和胳膊一样，鳍状肢内有骨骼。

**迁徙**：离开原来的所在地另换生活地点。许多动物会随着季节的变化进行迁徙，在一个地方度过冬季，又在另一个地方度过夏季。迁徙使动物能够抵达较为理想的觅食场所，并且找到安全的地方繁衍后代。

**水族馆**：用水箱或者水池饲养鱼类及其他水生动物的场所，能够方便人们了解和研究这些动物。

**藤壶**：一种小型甲壳类生物，紧紧附着在海里各种各样的东西上，比如岩石、船底以及鲸鱼的皮肤上。藤壶搜寻附近海水中的浮游生物及其他微小物质作为食物，因此，它们对保持海水清洁很有帮助。

**尾片**：鲸鱼尾部的圆裂片。有些种类的鲸鱼在潜进深水之前，会把尾片抬出水面，这种行为叫作“甩尾”。

**污染**：向周遭的环境排放有害的物质。污染会让水、土地以及空气遭到破坏。例如，塑料就是污染海洋的罪魁祸首之一。我们可以通过这些方式保护海洋：少用塑料制品；无论去哪里，都随手捡起垃圾。

**演化**：生物随着时间的推移而逐渐变化的过程，该过程有时候会促进新物种形成。

**渔叉**：一种锐利的长柄武器，通常与较长的绳索相连，可以用手掷出，也可以用枪射出。人类在猎捕鲸鱼或者大型海鱼时经常使用渔叉。

**图书在版编目（C I P）数据**

鲸鱼的世界 / (加) 达西·多贝尔著 ; (英) 贝姬·索恩斯绘 ; 袁枫译. -- 成都 : 成都时代出版社, 2023.1（2023.9重印）
ISBN 978-7-5464-3118-5

Ⅰ. ①鲸… Ⅱ. ①达… ②贝… ③袁… Ⅲ. ①鲸—儿童读物 Ⅳ. ①Q959.841-49

中国版本图书馆CIP数据核字(2022)第147662号

Original Title: The World of Whales
Get to Know the Giants of the Ocean
Written by Darcy Dobell
Illustrated by Becky Thorns
Original edition conceived, edited and designed by gestalten
Edited by Robert Klanten, Amber Jones, and Maria-Elisabeth Niebius
Published by Little Gestalten, Berlin 2020


著作权合同登记号：图进字21-2022-218
审图号：GS 京（2022）0221号

鲸鱼的世界
JINGYU DE SHIJIE

作　　者：[加]达西·多贝尔
绘　　者：[英]贝姬·索恩斯
译　　者：袁　枫
出 品 人：达　海
选题策划：北京浪花朵朵文化传播有限公司
出版统筹：吴兴元　　编辑统筹：彭　鹏
责任编辑：李　佳　　责任校对：张　巧
责任印制：黄　鑫　陈淑雨　　特约编辑：陆　叶
营销推广：ONEBOOK　　装帧设计：墨白空间·杨阳
出版发行：成都时代出版社
电　　话：（028）86742352（编辑部）
　　　　　（028）86615250（发行部）
印　　刷：天津联城印刷有限公司
规　　格：240mm × 280mm
印　　张：4.75
字　　数：60千字
版　　次：2023年1月第1版
印　　次：2023年9月第2次印刷
书　　号：ISBN 978-7-5464-3118-5
定　　价：82.00元

官方微博：@浪花朵朵童书
读者服务：reader@hinabook.com 188-1142-1266
投稿服务：onebook@hinabook.com 133-6637-2326
直销服务：buy@hinabok.com 133-6657-3072